U0317710

图书在版编目（C I P）数据

噢！便便 / (法) 艾玛努艾尔・格兰德曼著 ; (意) 朱莉娅・隆巴尔多绘 ; 姜莹莹译. -- 上海 : 上海文化出版社, 2024. 12. -- ISBN 978-7-5535-3099-4

Ⅰ. Q954.58-49

中国国家版本馆CIP数据核字第 20243DW270号

Original Title: Crottes-Une autre histoire de la vie
Written by Emmanuelle Grundmann
Illustrated by Giulia Lombardo
ISBN:9782215172864

出 版 人：姜逸青
出　　品：阿卡狄亚童书馆
责任编辑：王茗斐
特约编辑：张侨玲
装帧设计：陈梦瑶　王雅淇

书　　名：噢！便便
作　　者：［法］艾玛努艾尔・格兰德曼 / 著　［意］朱莉娅・隆巴尔多 / 绘
译　　者：姜莹莹
出　　版：上海世纪出版集团　上海文化出版社
地　　址：上海市闵行区号景路159弄A座3楼　201101
发　　行：北京阿卡狄亚文化传播有限公司
印　　刷：小森印刷（北京）有限公司　010-80215076
开　　本：787 × 1092　1/8
印　　张：5
印　　次：2024年12月第1版　2024年12月第1次印刷
书　　号：ISBN 978-7-5535-3099-4/G.504
定　　价：98.00元

如发现印装质量问题影响阅读，请与阿卡狄亚童书馆联系调换。读者热线：010-87951023

[法] 艾玛努艾尔·格兰德曼 / 著 [意] 朱莉娅·隆巴尔多 / 绘 姜莹莹 / 译

上海文化出版社

目录

便便是什么？

尿尿，便便，人们好像很少谈论这些。
可是，没有它们，生命便无从谈起。
不论是野兔、座头鲸、鸮面鹦鹉、袋鼠、四趾岩象鼩，
还是大象、瓢虫、水蛇、燕子或刺猬，
它们都有一个共同点：要拉便便！

四趾岩象鼩在非洲的丛林和大草原上奔跑着。它怎么突然停下来了？原来在拉便便！

便便虽小，里面却藏着很多要传递给同伴们的信息。

那些被动物吃了但没有消化吸收的食物，就成了便便。

千奇百怪的排便方式！

坐着、站着、蹲着、抬起一条腿，在树上、在水里……每种动物都有自己独特的排便方式。

小心，海鸥在空中拉便便啦！

这儿拉一点儿，那儿拉一点儿，狐狸在用便便标记它的领地。

长颈鹿正在制造“便便瀑布”！

便便是怎么产生的？

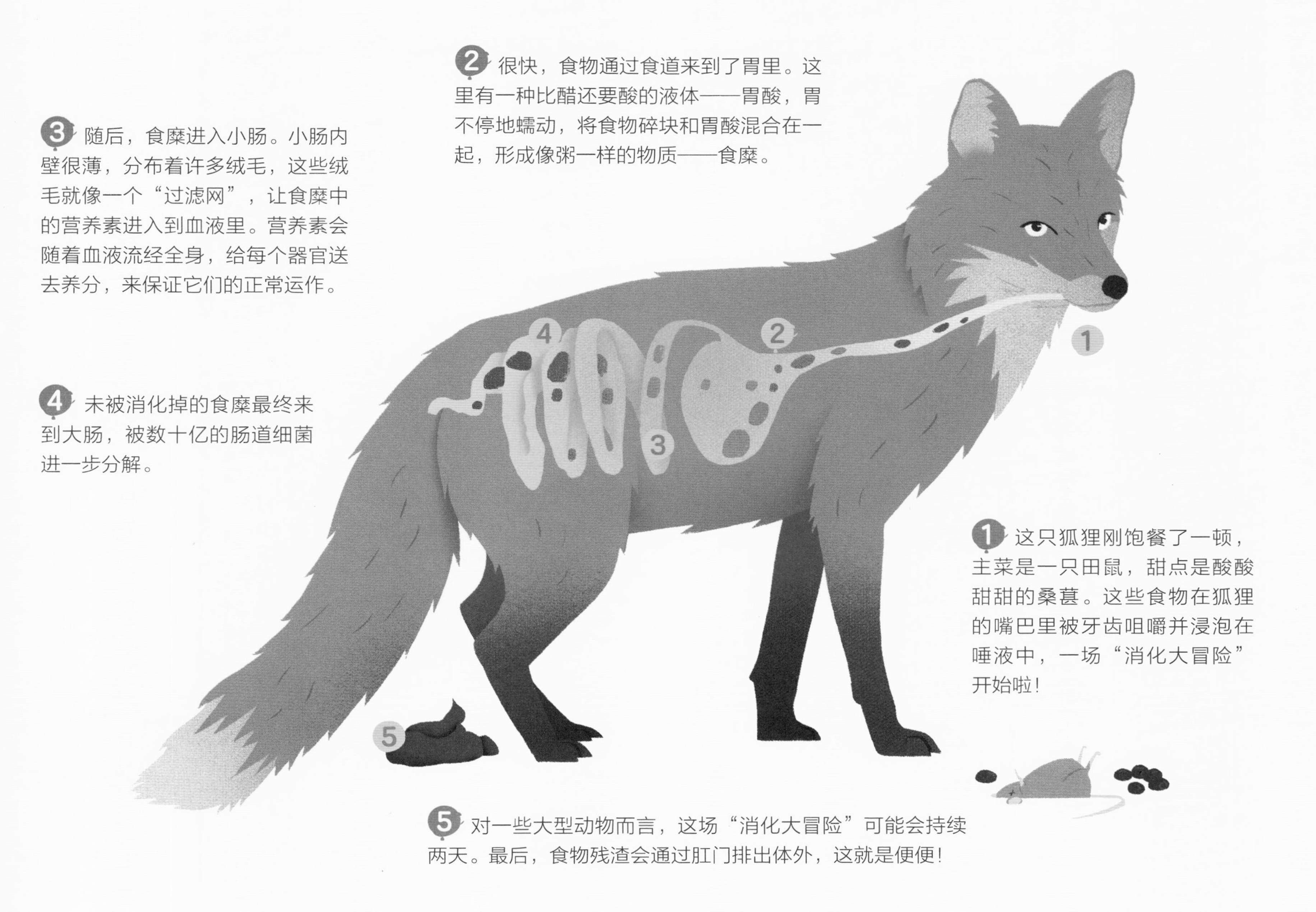

❶ 这只狐狸刚饱餐了一顿，主菜是一只田鼠，甜点是酸酸甜甜的桑葚。这些食物在狐狸的嘴巴里被牙齿咀嚼并浸泡在唾液中，一场“消化大冒险”开始啦！

❷ 很快，食物通过食道来到了胃里。这里有一种比醋还要酸的液体——胃酸，胃不停地蠕动，将食物碎块和胃酸混合在一起，形成像粥一样的物质——食糜。

❸ 随后，食糜进入小肠。小肠内壁很薄，分布着许多绒毛，这些绒毛就像一个“过滤网”，让食糜中的营养素进入到血液里。营养素会随着血液流经全身，给每个器官送去养分，来保证它们的正常运作。

❹ 未被消化掉的食糜最终来到大肠，被数十亿的肠道细菌进一步分解。

❺ 对一些大型动物而言，这场“消化大冒险”可能会持续两天。最后，食物残渣会通过肛门排出体外，这就是便便！

鱼类的便便像是一条长长的丝带。

吃早餐之前，红毛猩猩都会蹲在树枝上拉便便。

在哪里拉便便？

有些动物随地大小便，
而有些动物则会选择在固定的地方尿尿和拉便便。
这不仅仅是卫生习惯问题，因为便便不但会招来苍蝇和其他各种小虫子，
还会散发浓重的气味，很容易引来捕食者！
所以，在哪拉便便，也是一种生存策略。

鸟宝宝的“尿不湿”

有小婴儿的家里难免会脏乱，鸟类也是一样。不过，山雀、燕子和大斑啄木鸟的爸爸妈妈都非常爱干净：鸟巢卫生必须保持！

幸运的是，在这个年龄段，雏鸟体内会分泌出一种白色黏膜，排便的时候，黏膜会把便便包裹起来，形成一个粪囊。这些粪囊很快会被爸爸妈妈叼走，扔到离巢穴很远的地方去，以免引来捕食雏鸟的天敌。

狗獾的厕所

狗獾绝对不会在自己的洞穴里大小便，它在离洞穴几米远的地方挖了很多小坑，这些都是它的“厕所”，有的狗獾甚至拥有20多个厕所呢！

北极狐和一些美洲狐狸为了不弄脏自己的家，也会在洞穴附近挖坑，用来尿尿和拉便便。

独立卫生间

到了繁殖的季节，灰巾鹦哥会和邻居一起在河边的岩壁上凿洞筑巢。

它的巢穴内有一间为雏鸟准备的“育婴室”，还有一条“走廊”，连接着另外一个小小的洞穴，家庭成员们都到这里来上厕所。

便便喷射！

当一些鸟类的雏鸟长大一点后，自己就可以将便便排到巢外。

林鸱（chī）是一种生活在南美洲的鸟，它不仅是鸟类中的伪装高手，在其他方面也很厉害：它的肌肉很发达，雏鸟时期也不需要爸爸妈妈的帮助，自己就可以将便便远远地喷到巢外。

冒险拉便便

树懒平时喜欢待在树上，不过，它每周都不得不踏上漫长的旅程去尿尿和拉便便！树懒不经常上厕所，因为它只吃一些非常坚硬、需要很长时间才能消化完的树叶。树懒每次都会排出很多便便，甚至能达到它自身体重的三分之一！（相当于一个成年人一次要排出25千克的便便！）树懒拉完便便就马上爬回树上，丝毫不敢耽搁，以免遇到徘徊在丛林里的美洲豹。

各种各样的便便

只需要看看你的便便，我就能猜出你是谁！

观察野生动物可不是一件容易的事：有些动物非常害羞，总是躲起来；有些动物生活在几十米高的树冠上；还有一些动物只在夜幕降临后才出来活动。如果看不到这些动物，研究人员会找到它们的便便，把便便收集起来进行分析，就可以得到许多有用的信息：这只动物是年轻的还是年老的；是雄性还是雌性，如果是雌性，那它是否怀孕；它是不是生病了，患了什么病；这些问题都可以在便便中找到答案。

一坨小小的便便，其实是个巨大的信息库！

欧洲绿啄木鸟
长条状的白色便便。

棕熊
圆锥形的便便，闻起来还有点儿果酱的味道。

座头鲸
暗粉色的便便，漂浮在海面上。

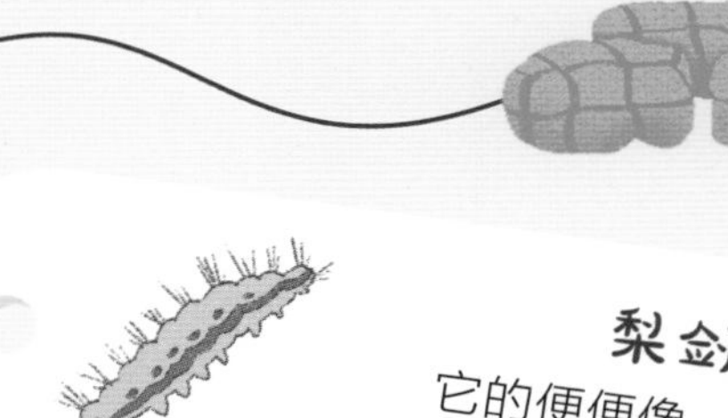

穴兔
早晨拉的便便是一些又干又硬的小圆球。

梨剑纹夜蛾
它的便便像一颗颗用红色丝线包扎的粉色软糖。

沙蠋(zhú)
“线圈”一样的沙质便便。

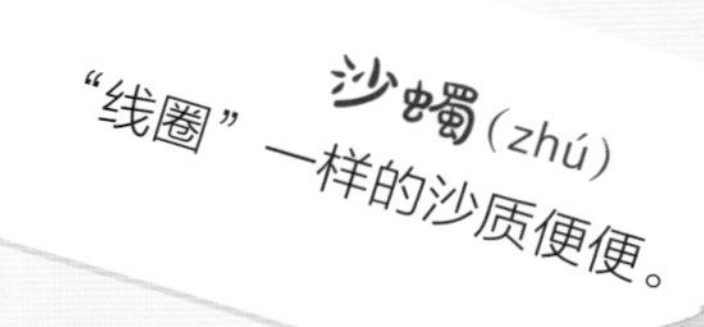

如果你喜欢探索自然，想要研究是哪些动物在花园里拉了便便，事后一定要好好洗手，因为便便中可能会携带寄生虫和病菌。

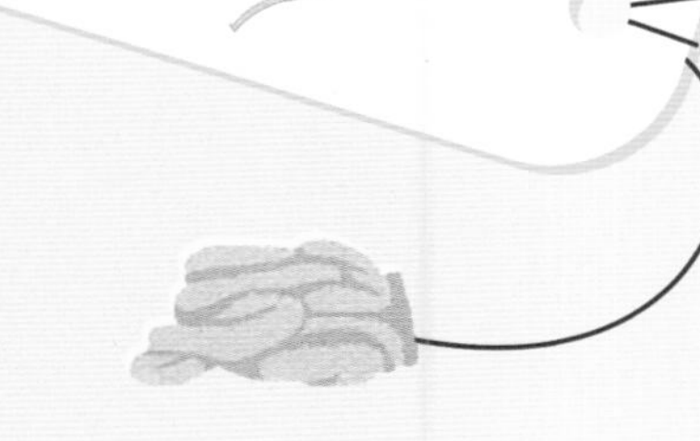

苍蝇

便便好像一粒一粒的黑芝麻。

石貂

盘成一坨的棕黑色便便。

狼

长条形的便便，像个弯弯的小香肠。

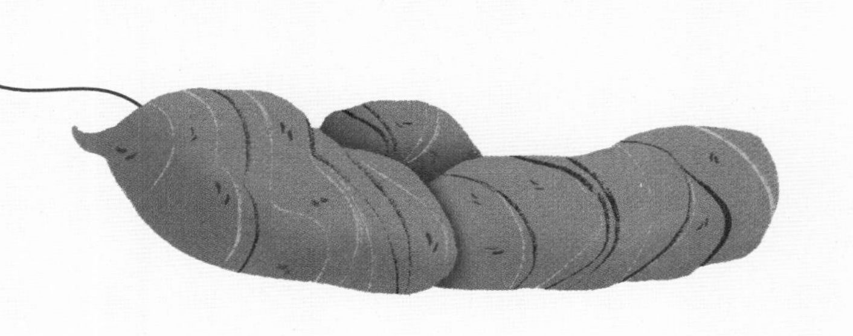

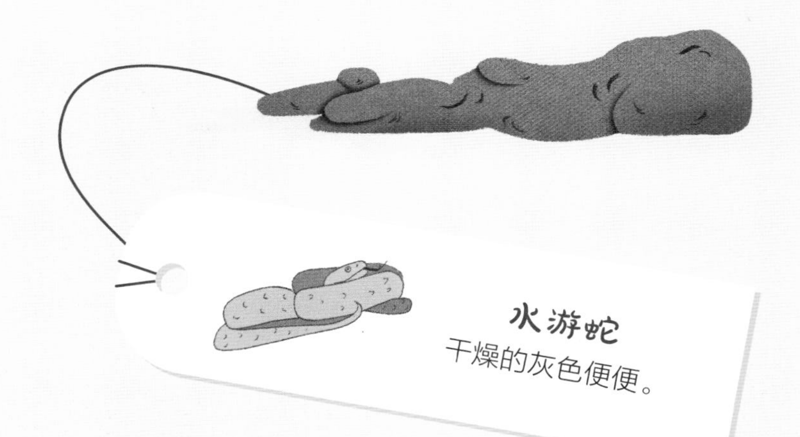

水游蛇

干燥的灰色便便。

鹿

糖果形状的深褐色便便。

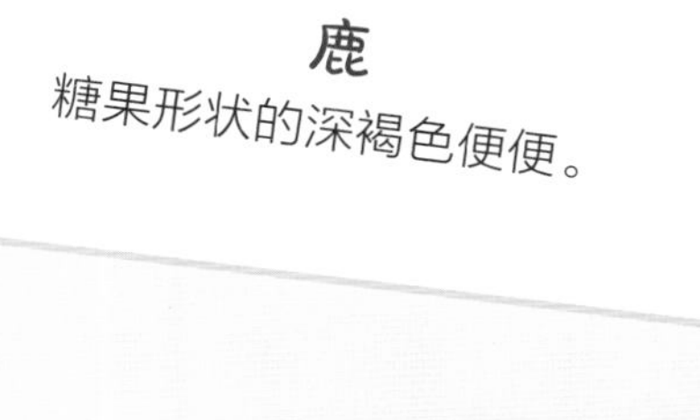

伏翼蝙蝠

便便像是深棕色的米粒。

袋熊

方块儿形状的便便。

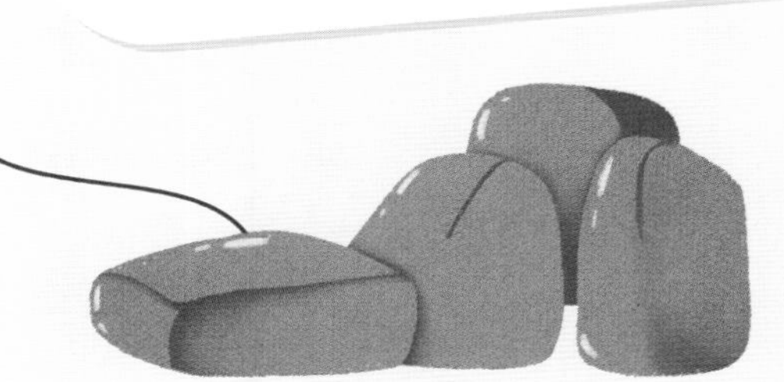

方块儿便便的秘密

每天晚上，袋熊都会排出100多颗“小骰子”似的便便。它是怎么拉出方块儿便便的呢？

这可不是因为它有个方形的肛门，而是它的消化过程很漫长，食物会在肠道里停留14～18天，最后剩下的食物残渣又硬又干。干燥的食物残渣在肠道里经过反复挤压，就慢慢地被“捏”成了一个个小方块儿。

一头奶牛每天可以吃掉约70千克的青草，然后拉十几坨像盘子大小的便便，差不多40千克。真是一个名副其实的便便制造厂！

卵孵化后，数百只**蛆虫**就在这坨便便中钻出一条条“隧道”，躲在里面边吃边长大。

苍蝇在热乎乎的便便里产下了数百枚**卵**。

这里也是**其他昆虫幼虫**的安身之地。“便便堡垒”看似安全，但守在外面的捕食者们很快就会啄破便便干燥的硬壳。

牛粪的一生

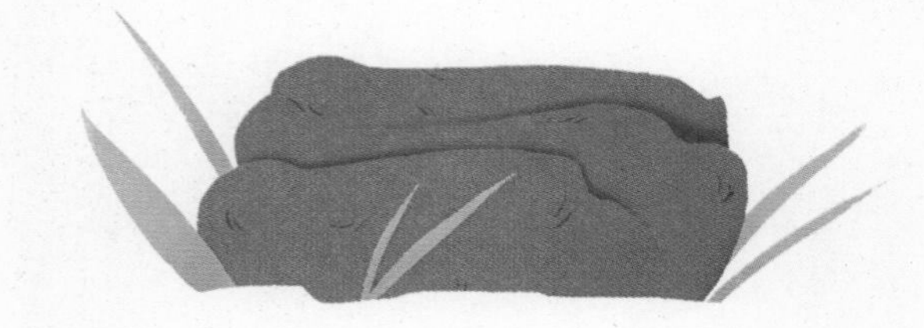

一坨牛粪落地，几天之内就会逐渐变干，表面也会出现许多裂缝。

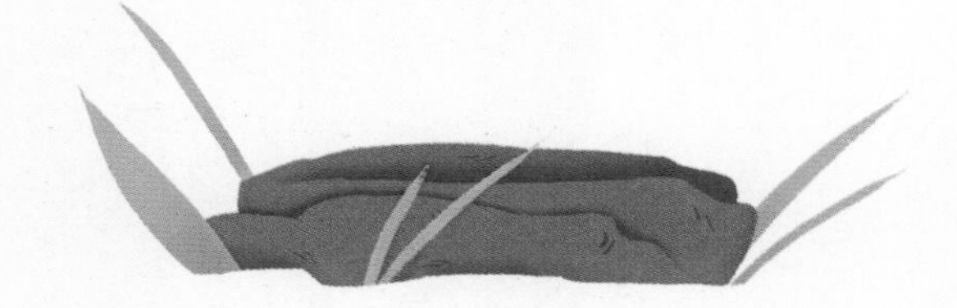

随后，牛粪会慢慢开裂，碎成小块，进一步分解……

几周后，地上只能看到仅存的一点牛粪痕迹了。

各有各的口味

并不是所有昆虫都会食用牛便便或袋鼠便便，
每种便便都有专属的“清道夫”。

比如，仅在澳大利亚就生活着500多种粪金龟，它们在进化过程中，已经适应了有袋动物的便便：袋鼠、考拉和沙袋鼠的便便对它们来说都很美味。

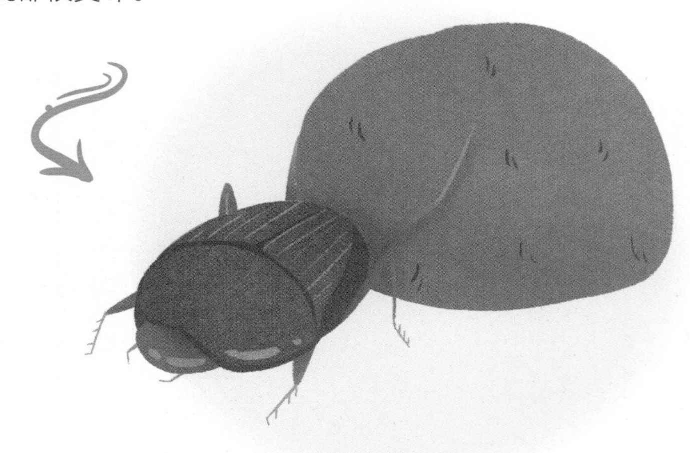

在这个家族中，最负盛名的就要数神圣粪金龟了，它们在古埃及神话中经常陪伴在众神左右。一旦进入牛粪，它们就能滚出一个比自己身体还要大两三倍的粪球！

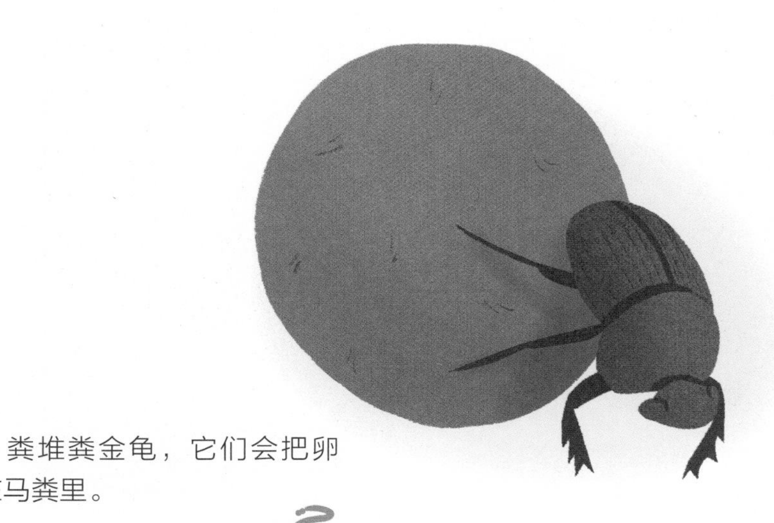

粪堆粪金龟，它们会把卵产在马粪里。

这种蜉金龟则很喜欢大象的便便。它们从不为食物发愁，因为一头大象每天都会排出约150千克的便便！

19世纪，欧洲的殖民者来到了澳大利亚，跟随他们一同来到这片大陆的还有牛和羊。但是，对吃惯了考拉便便的本地粪金龟们来说，牛和羊的便便根本不合胃口。这些新的便便数量惊人，很快就覆盖了田地，最后，人们引进了非洲的粪金龟才拯救了这片快要“窒息”的土地。

便便之约

啪唧！一坨巨大的、热腾腾、
“香喷喷”的牛便便蛋糕砸在了草地上，
开饭啦！

宴会开始啦！

几秒钟之后，第一批客人——苍蝇已经入席。它们的目标是尽快在这个温暖的“孵化器”里产卵，因为几个小时之后，便便的表面就会风干，形成一个硬壳，苍蝇卵就没办法进到粪便里了。

蜗牛也来赴宴了，它们看中的是便便中的植物残渣和矿物盐。

几个小时后，身怀绝技的隐翅虫们登场了，它们轻轻松松就刺穿了便便的硬壳，开始大快朵颐。

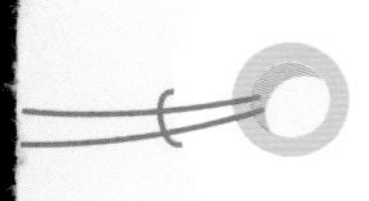

仅一坨牛便便，就可以引来上百种苍蝇，能容纳近千条苍蝇的幼虫。

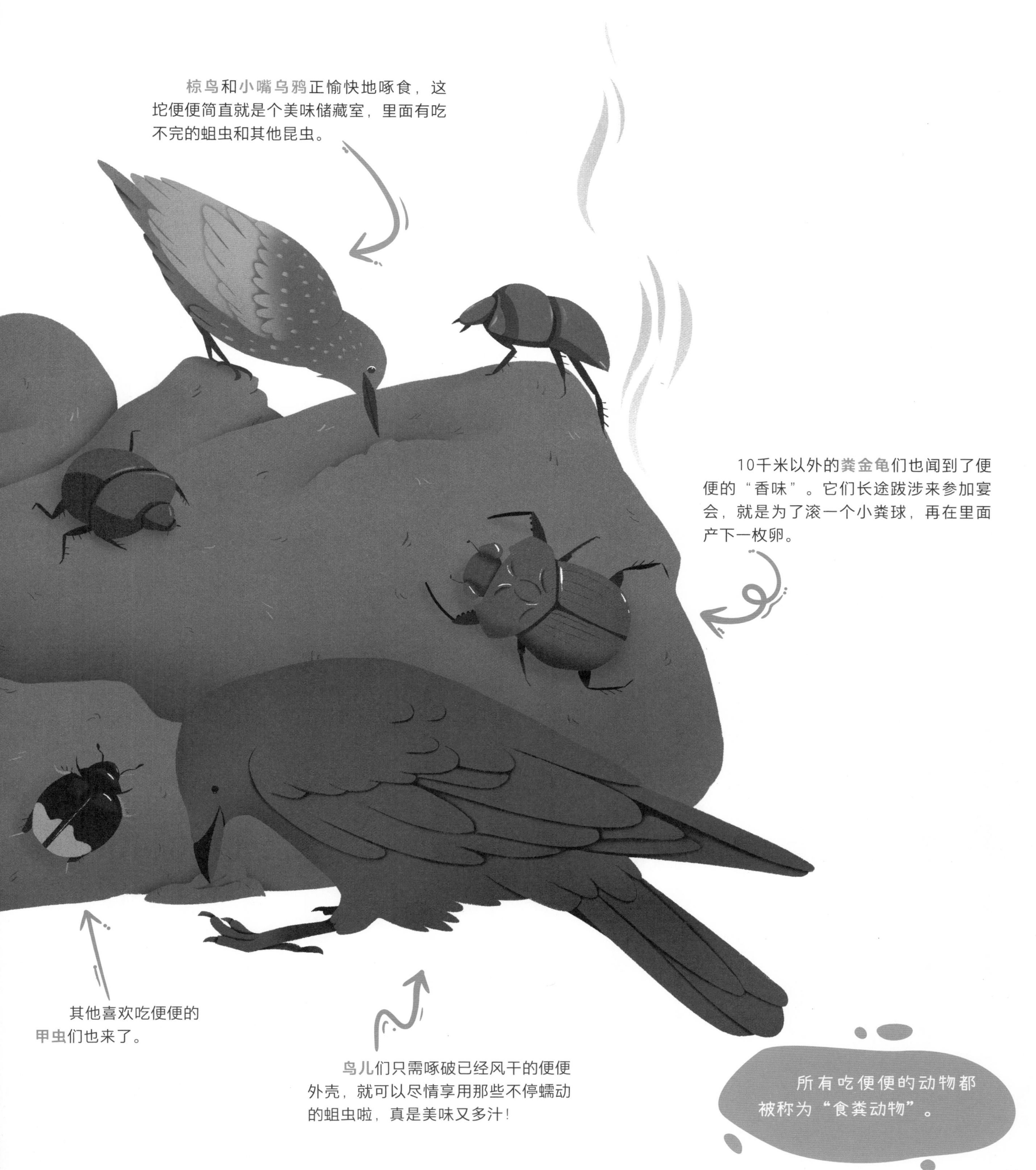

棕鸟和小嘴乌鸦正愉快地啄食，这坨便便简直就是个美味储藏室，里面有吃不完的蛆虫和其他昆虫。

10千米以外的粪金龟们也闻到了便便的“香味”。它们长途跋涉来参加宴会，就是为了滚一个小粪球，再在里面产下一枚卵。

其他喜欢吃便便的甲虫们也来了。

鸟儿们只需啄破已经风干的便便外壳，就可以尽情享用那些不停蠕动的蛆虫啦，真是美味又多汁！

所有吃便便的动物都被称为“食粪动物”。

生命离不开便便！

在自然界中，不同的生命构成了一个巨大的金字塔结构。
植物处于底层，位于它们之上的是以草、树叶和果子为食的植食性动物。
再往上一层是肉食性动物，它们会吃掉植食性动物。
有些小型肉食性动物又会被更强壮的肉食性动物捕食。
处于金字塔最顶端的是超级捕食者，下方的生物都是它们的盘中餐！
不管位于金字塔的哪一层，所有动物都要拉便便。
便便掉到金字塔的最下面，又会被分解，成为植物的肥料。
周而复始，形成一个完整的生态循环。

便便天堂岛

当你来到一个热带岛屿，环绕四周的是碧绿的海水和梦幻般的沙滩……你也许不知道，自己正躺在鹦嘴鱼的便便里。

这种鱼牙齿坚硬，以附着在珊瑚上的藻类为食。它们非常贪吃，每年差不多会啃食掉2吨珊瑚。那些消化不了的珊瑚屑随着便便排出来，成为白色的沙子。没想到吧，水清沙白的热带天堂竟然是便便堆出来的。

便便大餐

哇，美味的便便！
你知道吗，有些动物会吃掉它们自己的便便。
这也太脏了吧！实际上，这并不是不讲卫生的坏习惯，恰恰相反，
对这些动物来说，这是一种很有必要的行为。

便便夜宵

瞧，这只兔子正在吃自己的便便。和白天排出的又干又硬的小粪球不同，这些夜间排出的便便是柔软且有光泽的。这种便便叫作“盲肠便”，里面含有兔子在第一次消化时，食物中没被完全消化的维生素和矿物质，吞食盲肠便可以进行二次消化，这些营养物质对兔子非常重要，没有它们，兔子的健康就会受到影响，甚至会死掉。

河狸、毛丝鼠和野兔也有同样的习惯。

又圆又亮又软，真好吃！盲肠便真是一道美味又健康的夜宵呢！

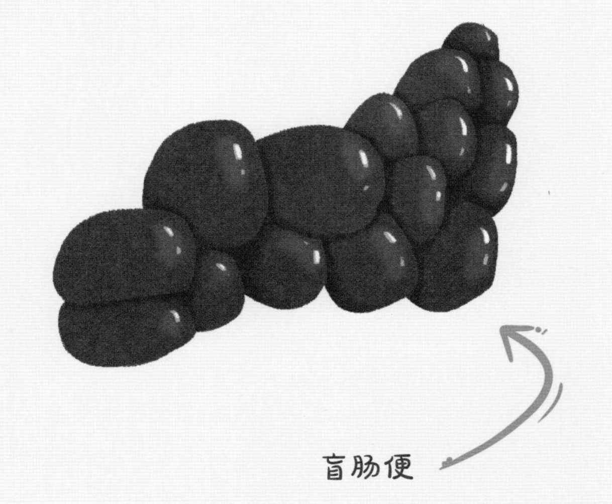

盲肠便

刚出生的兔子宝宝，不会立即产生盲肠便，这个阶段，妈妈会和它分享“便便夜宵”。

甜密的便便

蚜虫在吸食了植物的汁液后，会排出一种黏乎乎、甜丝丝的金色液体。这种蜜露深受蚂蚁和蜜蜂的喜爱。有些蜜蜂制作的蜂蜜中，常常含有蚜虫的便便。

妈妈的爱

鹿妈妈和山羊妈妈会把自己宝宝的便便吃掉，这是为了防止捕食者通过气味发现它们。

卫生大扫除

袋鼠宝宝在妈妈的育儿袋里长大，吃喝拉撒都在里面。为了保持清洁，妈妈会毫不犹豫地定期吃掉小袋鼠的便便。

垫垫肚子

在食物匮乏的时候，一些动物会靠吃便便来凑合一下。比如，当北极狐找不到蛋也捉不到鸟的时候，它就会吃北极熊的便便来充饥。

美味甜点：角马便便！

在大草原上，犀牛们看到角马便便，会不假思索地吃下去，给自己来一份“甜点”。

有点儿饿？

在北冰洋地区，食物有时会很稀缺。但这难不倒北极海星，肚子一饿，它就利用超级灵敏的嗅觉找到海豹的便便，大吃一顿。

滚粪球吧！

虫如其名，“粪金龟”对便便自然是超级热爱啦！
喜欢你就送你一颗粪球，卵也要产在粪球里。
所有的粪金龟都有一个共同的追求，
那就是塑造一个完美的粪球，并将它滚到目的地。

通常都是由粪金龟先生来滚动粪球，粪金龟太太只需要待在粪球上休息就行了。

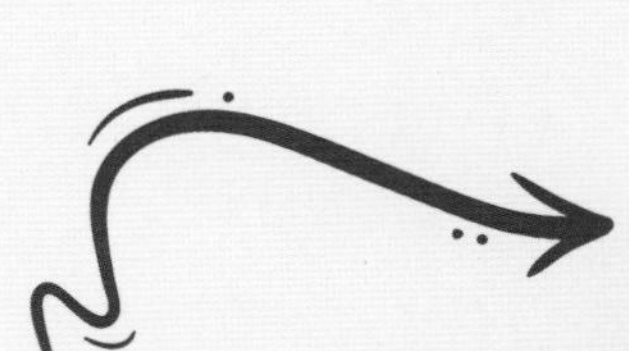

第1步

粪金龟的头部边缘处有锯齿，像锋利的刀一样，可以轻松切割便便。

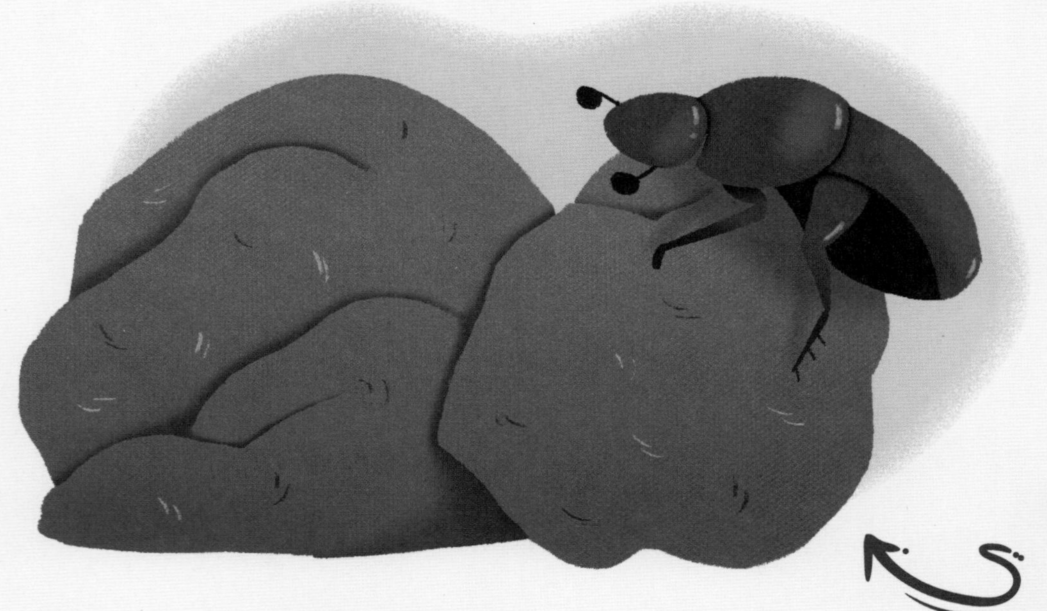

第2步

粪金龟用像铲子似的脚来给粪球塑形，直到拍打出一个近乎完美的球体。

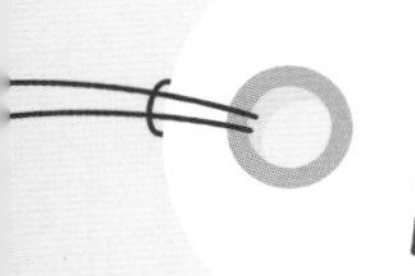

在古埃及，粪金龟被视为神圣的动物。粪球象征着太阳，它被粪金龟推着滚动，代表着太阳的东升西落。

第4步

就算没有后视镜，粪金龟也能推着粪球“倒车”。要快点儿推！不然粪球就要被其他粪金龟抢走啦！

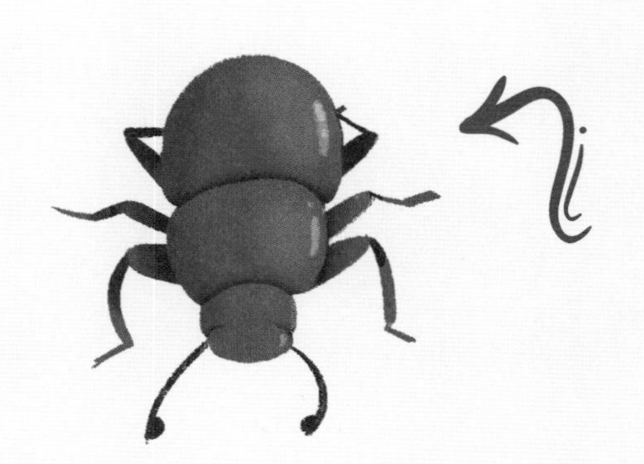

第3步

粪球终于做好了，不过这还不算是大功告成，更困难的还在后面。粪金龟需要转过身去，用长长的后腿来抓住粪球。

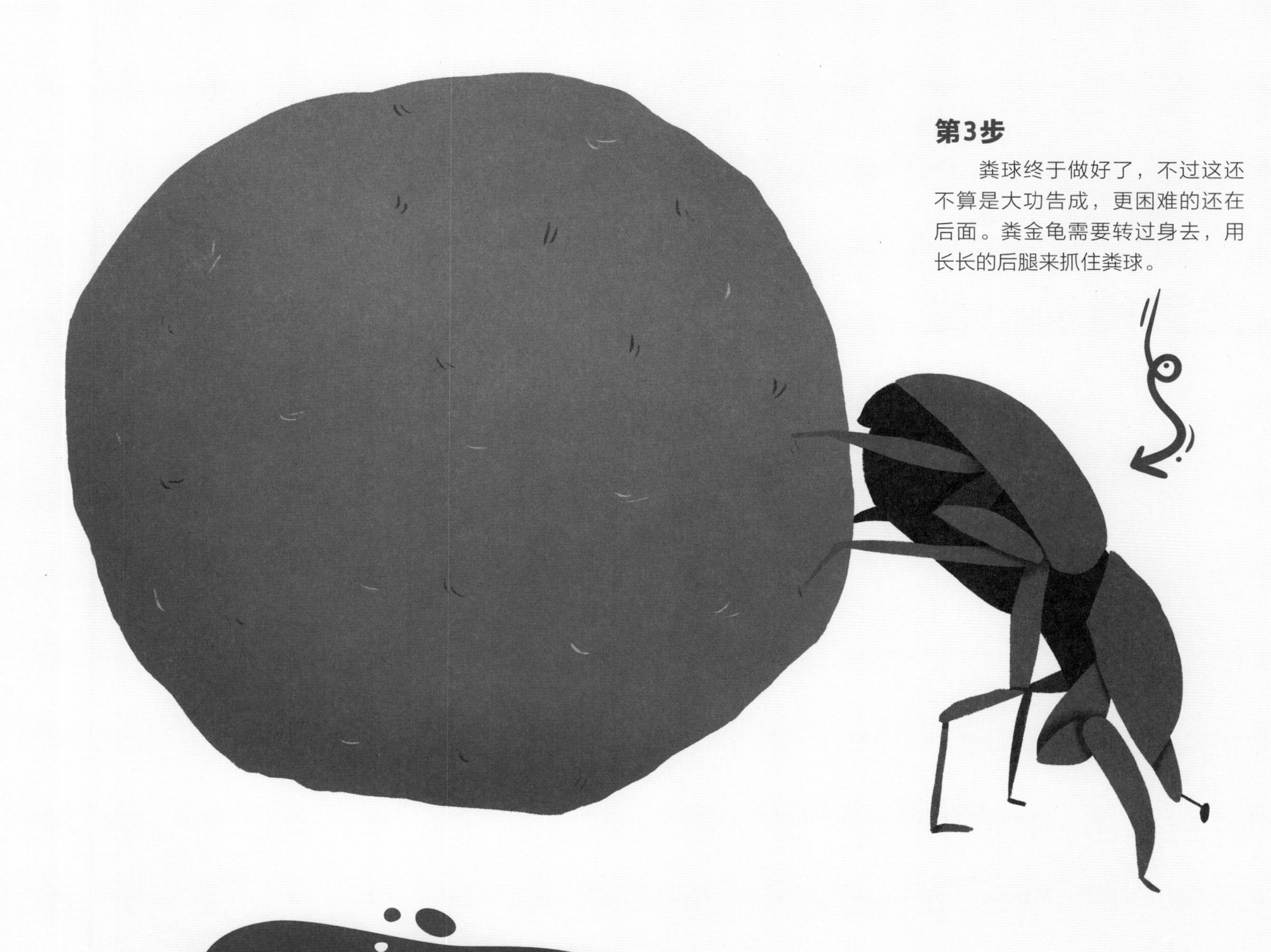

可移动的便便空调

当地面温度过高的时候，粪金龟就会爬到粪球上，防止被灼热的地面烫伤。那研究人员是怎么知道的呢？他们给一些粪金龟穿上了迷你小靴子，发现粪金龟爬到粪球上的次数明显减少了。

第5步

到达目的地后，粪金龟就会把粪球藏到洞底，然后再吃上一大口来补充体力。

粪金龟的一生

雌性粪金龟在粪球里产下一枚卵。

幼虫在这个温暖的“粮仓”里孵化出来，悠闲地吃着美味的便便。

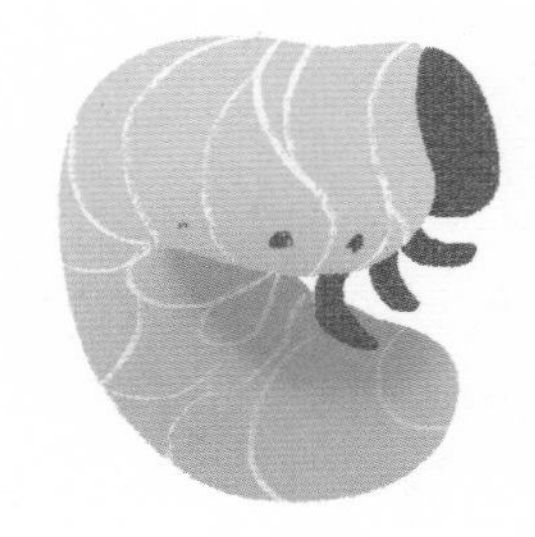

它越长越大，变得胖乎乎的！

慢慢地，幼虫长到了最大的体型，这里对它来说已经有些挤了。它停止进食，静止不动，然后变成了蛹。在小小的粪球里，开始了它的蜕变。

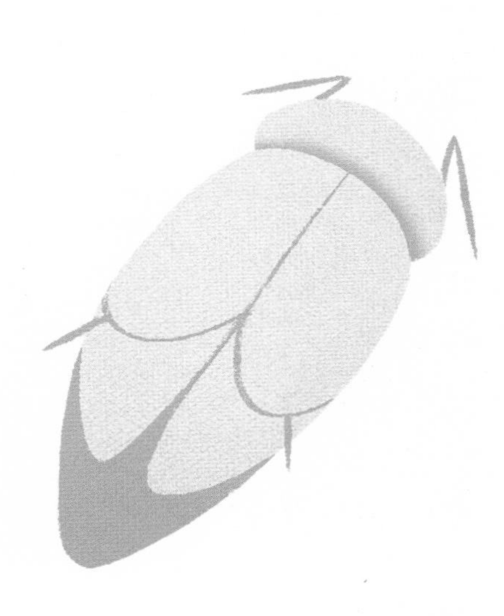

刚刚羽化的成虫，啃食着粪球的外壳，它要离开这个儿时的摇篮，去探索外面的世界啦。

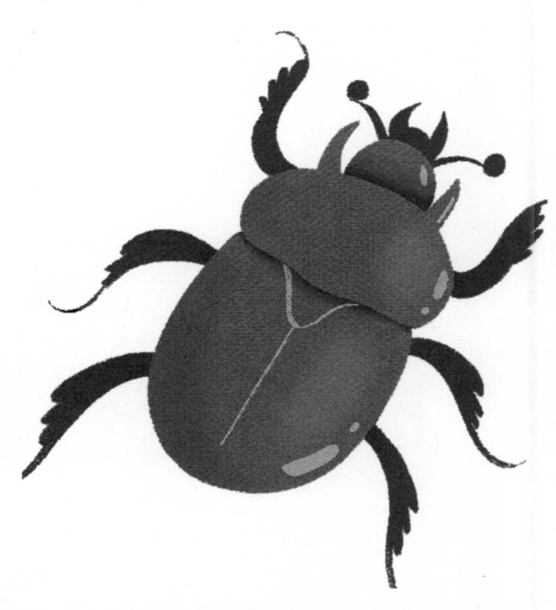

它的甲壳逐渐变硬，颜色也显现出来了。它拍拍翅膀，马上就要起飞了！

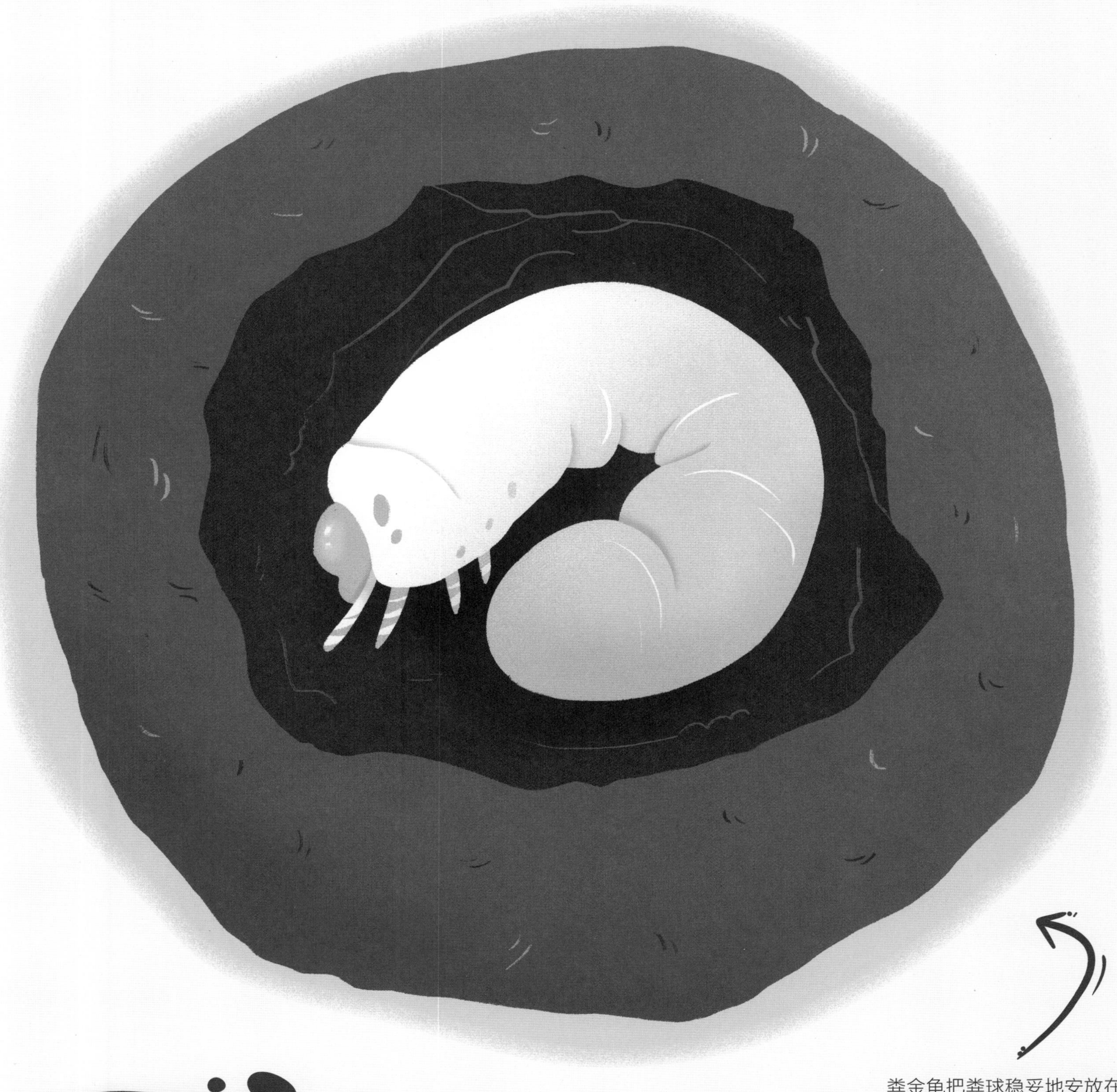

粪金龟把粪球稳妥地安放在洞底。这时粪金龟太太会在粪球里产下一枚卵，这里就是幼虫的育儿室和粮仓啦！

在南非生活着一种粪金龟，它们面临着很多风险。这种粪金龟喜欢吃大象的粪便，但是大象们经常在公路上行走并留下便便，这些粪金龟在寻找食物的过程中很容易被车辆碾压。为了保护这些小家伙，那里的公路上都设置了“粪金龟优先”的指示牌。

用便便来标记领地

在法国，孩子们都听过“小拇指”的故事：
一个名叫小拇指的小男孩，
在森林中一边走一边沿途扔白色的鹅卵石或面包屑，用来标记回家的路。
而动物们既不用石头，也不用面包屑，只需要一坨又一坨的便便，
就可以作为划分领地的标记。
那些擅闯领地的入侵者们，要小心了！

便便社交

想要给邻居发个消息，又不想大喊大叫怎么办？很容易！只需要在几处“战略要地”拉一坨便便就行啦。

路过的访客只要闻一闻，便知道这片领地的主人是雌性还是雄性，身体如何，是不是感冒了，就连它是不是正在寻找伴侣都能从中知晓。

猫可以通过闻邻居的便便，
来判断它是不是个好猎手！

此处有主！

在新西兰，几维鸟会在自己领地的边界处拉很多特别臭的便便。

全家总动员

生活在亚马孙雨林中的巨獭，会和家人一起用便便来标记它们的狩猎区域。

便便武器

林蛙和黄条背蟾蜍的蝌蚪宝宝们生活在同一片池塘里，看似很热闹，实则这些小蝌蚪需要争夺相同的食物和生存空间。林蛙妈妈有一个厉害的武器：把自己的便便扔向隔壁黄条背蟾蜍的宝宝，以阻碍蟾蜍宝宝的生长。

便便防御

便便保平安！

在澳大利亚，有一种优美的鸟——彩虹八色鸫（dōng）。它们有件烦心事：树蛇非常喜欢吃它们的蛋，而且从很远的地方就可以循着气味找到鸟窝。为了保护宝宝，彩虹八色鸫妈妈会收集沙袋鼠和袋鼠的粪便，将这些粪便放入鸟窝，用来掩盖鸟蛋的气味，这样，蛇就绕道而行啦！

便便封洞

雌性黄弯嘴犀鸟会在树洞里产卵和孵化幼鸟。选好了心仪的树洞之后，鸟妈妈就会钻进去，鸟爸爸在洞外与它合作，用泥和便便的混合物筑成一堵“墙”，墙上只留下一个小小的洞。之后的日子里，鸟爸爸会通过这个小洞把食物送进去。与世隔绝的鸟妈妈专心哺育雏鸟，等宝宝们长大了，它们才会破洞而出。

便便障眼法

用便便把自己盖住？别惊讶，有些昆虫幼虫会这么做。幼虫躲在便便下面，不容易被天敌察觉。有些毛毛虫还会利用这个安全的环境让自己顺利地变成蝴蝶。

便便攻击！

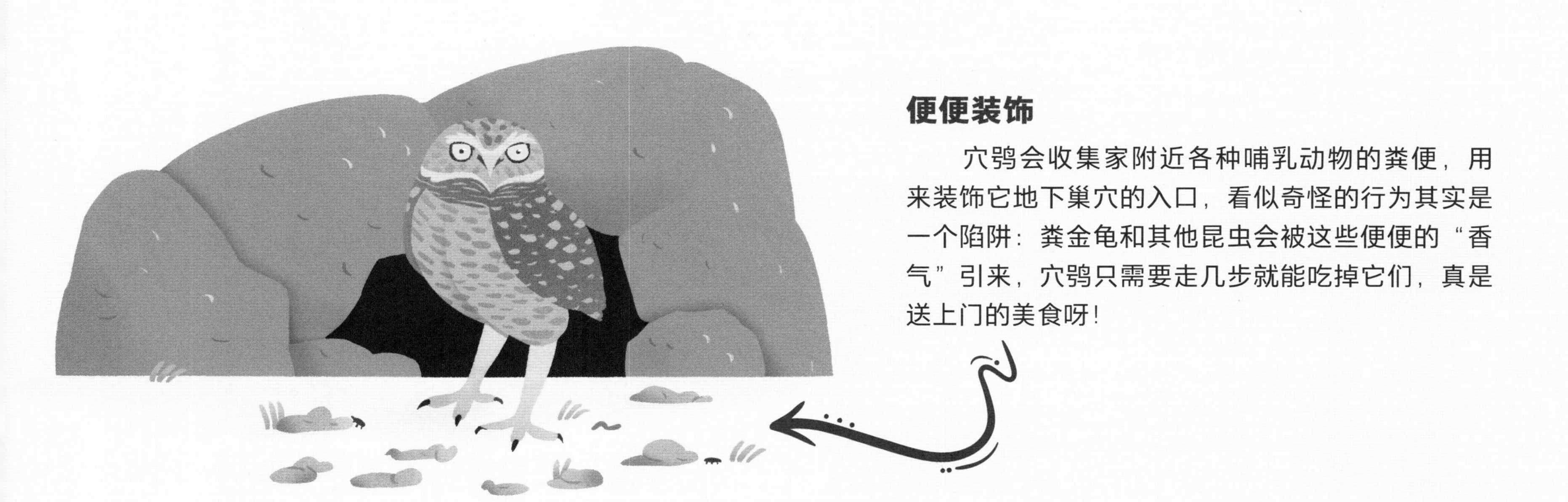

便便装饰

穴鸮会收集家附近各种哺乳动物的粪便，用来装饰它地下巢穴的入口，看似奇怪的行为其实是一个陷阱：粪金龟和其他昆虫会被这些便便的“香气”引来，穴鸮只需要走几步就能吃掉它们，真是送上门的美食呀！

便便炮弹

槲（hú）鸫和欧乌鸫很爱吃槲寄生的果子，这种浆果会让它们的便便像胶水一样黏稠。如果有捕食者胆敢靠近鸟巢，它们会立即发起“便便轰炸”，攻击效果非常强。

便便隐身术

捕食者来啦！别慌，鲸鱼自有办法。它会排出非常多的便便，这些粉红色的便便在水中铺开，像厚厚的云朵一样，这样鲸鱼就可以躲在下面了，真聪明！

便便好处多

便便不仅仅是排出体外的食物残渣，
更是一份“礼物”，
许多动植物都离不开这一坨坨的、散发着气味的便便。

大象播种机

如果你是一棵树，是没办法四处走动的，果实成熟了就会掉在地上，被笼罩在树荫下，它们很难发芽。幸运的是，森林里有一群勤劳的园丁，它们会解决这个难题。

在非洲中部，生长着一种叫毒籽山榄的大树，大象十分喜欢吃它的果实。果实的种子会随着大象的便便散落在别处，在这坨纯天然的肥料中，种子很快就会发芽啦。

便便三部曲

巴西狼果是一种番茄科的植物，鬃狼非常喜欢吃它的果实。鬃狼拉便便的时候，可以散播巴西狼果的种子；便便也会引来蚂蚁，蚂蚁们把便便中的植物残渣运回蚁穴，用来培育它们要食用的菌类；当工蚁清扫蚁穴的时候，会把混在便便中的种子清出蚁穴，而这也正好帮助了巴西狼果生根发芽。

蝙蝠的天然厕所

婆罗洲生长着一种食肉植物——猪笼草，它的捕虫笼不仅可以捕捉昆虫，还是蝙蝠的天然厕所！蝙蝠会把大小便都排在这个“马桶”里面。猪笼草可以把这些排泄物分解成养料，对它来说，这些臭臭是营养丰富的大餐。白天，蝙蝠还会在捕虫笼里睡觉或躲避捕食者。

便便和人类的关系

牛粪，鸟粪，各种动物的便便……
它们虽然又脏又臭，可对我们人类来说却非常有用。
曾经甚至有人为了争夺山上的鸟粪而发动战争！

便便火炉

在广袤的蒙古草原和西藏地区，树木稀少，人们会收集牦牛的粪便来生火，这是一种极好的燃料。法国人过去也通过烧牛粪来取暖。

便便面膜

为了拥有雪白的肌肤，古代日本歌舞表演者曾把经过处理的夜莺便便抹在脸上，当作护肤品！时至今日，为了满足人们想拥有白皙皮肤的需求，由夜莺便便加工而成的粉末在日本仍以高价出售。

便便争夺战

在秘鲁海岸附近，成千上万只鸟在岩石岛上产卵和孵化幼鸟。有些鸟还会用自己的便便来筑巢，时间久了，岛屿被一层又一层的白色鸟粪覆盖。在19世纪，这些鸟粪被收集起来用作田间肥料，甚至传到了欧洲。没想到，这些白色的便便犹如金子那样诱人，1864年，西班牙对秘鲁和智利发动战争，他们想要占有这些拥有鸟粪的岛屿。

便便——蘑菇的养料

双孢蘑菇是一种既能用来拌沙拉又能做酱汁的美味食材，小蘑菇和马之间的故事渊源久远。从古希腊时代起，人们就发现在马粪中自然生长的这种小蘑菇很美味。因为马粪中有小蘑菇生长所需的营养元素，于是，人们便开始利用马粪进行人工培育。

猫屎咖啡

这是世界上最贵的咖啡之一。在东南亚的森林中生活着一种叫椰子猫的小动物，它们喜欢吃咖啡树的果实，每一颗咖啡豆都在它的消化道里“旅行”了一番，然后随着便便被排出体外。这种独特的咖啡豆价格不菲，上千只椰子猫被捕捉，并囚禁在狭小的笼子里，被迫吃下许多咖啡豆，只为生产“猫屎咖啡”。

便便能源车

狗不仅是人类的好朋友，将来还很有可能帮人类把汽车的油箱加满！在阿根廷的布宜诺斯艾利斯和美国的旧金山，宠物狗的数量非常多，街道上有数不清的狗便便，真是令人头疼！科学家们正在研究将这些便便转化成生物燃气，现阶段的研究结果很乐观。

便便猜奖

在比利时，每年都会举行一种有趣的猜奖活动。在一片草地上画上格子，每个格子都有一个数字，人们可以选择一个数字来猜奖。开奖的时候，奶牛们会被牵到草地上，如果你选择的那个格子里恰好有奶牛来拉便便，那么，恭喜你中奖啦！

便便知多少

这本书里的便便真多呀，方的、圆的、白的、红的……
你还记得这些便便的主人是谁吗？

1.像糖果似的便便

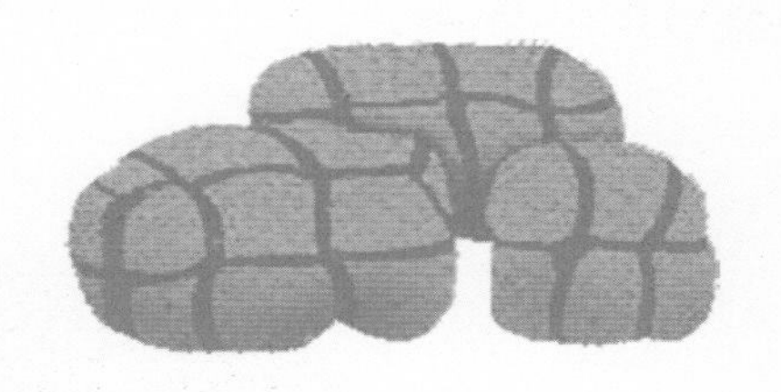

a.考拉　b.苍蝇　c.梨剑纹夜蛾　d.座头鲸

2.晚上排出的便便，又软又亮

a.兔子　b.狐狸　c.棕熊　d.鹿

3.方块儿便便

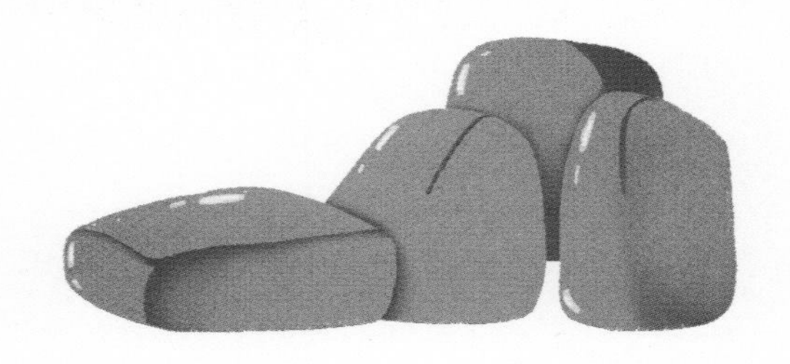

a.树懒　b.袋熊　c.大象　d.老虎

4.像云朵一样，粉色的便便

a.蚕　b.蜥蜴　c.蛇　d.鲸鱼

5.丝带便便

a.鱼　b.鸽子　c.蝴蝶　d.蜗牛

龙涎(xián)香

在抹香鲸的肠道中，食物残渣和胆汁不断地混合聚集，随后排出体外，这就是“龙涎香”。龙涎香也被称作“灰色琥珀”，尽管看起来和便便差不多，但曾经深受调香师的青睐，用来调制香水。

便便手记

便便不但和吃进肚子里的食物有关，更和我们的身体健康密不可分。如果你的便便是干干的颗粒状，那你需要多喝水，多吃蔬菜；如果你的便便是黄黄的、软软的香蕉状，恭喜你！这是一坨健康的便便。今天，你的便便是哪一种呢？赶紧记录下来吧！

___月	今天，我拉便便了！

1 2 3 4 5

6 7 8 9 10

11 12 13 14 15

16 17 18 19 20

21 22 23 24 25

26 27 28 29 30

31

*宝宝排便之后，可以把便便图案填上颜色，同时记录排便次数、颜色以及形状等。举例：2 1次 黄褐色 香蕉状柔软的便便

艾玛努艾尔·格兰德曼是一位灵长类动物学家和博物学家。不论是章鱼，红毛猩猩，还是毛丝鼠，知更鸟，甚至是食蚁兽和粪金龟，都令她深深着迷。她出版过许多关于生物多样性的书。通过这些书，她希望在小朋友和大朋友的心中都播下热爱大自然的种子，因为只有当我们了解了大自然，才能够更好地保护它。

朱莉娅·隆巴尔多是一位年轻的意大利插画家，出生在1991年的一个冬夜。她住在佛罗伦萨的一座小房子里，陪伴她工作的有猫、狗和兔子，还有一只叫卡丽梅罗的大公鸡。她擅长为童书绘制插画，与全世界的很多出版社都有合作。